2024，唯一財富機會

ELSON MUSK VS JENSEN HUANG命格比拼

10倍潛力股、10倍潛力幣 一次公開！

目錄

序 2024年，唯一一個創富的機會

你和富人的距離：只是躺平一個牛市

2024年來到，下一個時代的紅利再一次到來，今次，大家會否掌握得好一點呢？

每一個散戶，都希望天天是牛市，那麼就可以躺平賺錢，被動創造財富了。

如果你是一個一窮二白的打工仔，除了獲取高薪厚職可以脫貧外，第二個方法就是靠著牛市了。

窮人和富人的距離，有時候只是相差數個牛市而已！

最重要的是，2024年是中國玄學上，正式踏入九運離火運的第一年。

即科技事物、有關電的事物再次乘勢而起。

這可能也是，人生中最後一個最大的牛市了。

王小琛

（作者Patreon）
patreon.com/chriswong0630

1. 大牛市、假牛市、熊市

大家看到標題一定很疑惑，牛市也有分「真的大牛市」、「假牛市」嗎？對我來說，有的。

真的大牛市：2020

特徵：

除了一線股如7大科技股大升特升外，二三線股(即使公司營運虧損也好)，股價也能飛上天，名副其實的豬也能飛上天的時候。

另外，10倍股、20倍股都是閒事。

假牛市：2023年

推動大市(Nasdaq)升的只有大型科技股，如Nvidia、MSFT、TSLA等大型股份，但其他二、三股表現不突出。如下圖：

資料來源：Goldman Sachs

熊市：2022年

不少股份由高位回落，大型股份即使TSLA，大概跌至價位僅餘1/3，小型股份更難以倖免，不少小型股份更跌到最原先的低位，甚至最壞情況可能跌至僅有2成。

S&P500指數於2022年步入跌市

好消息是：

2024年是真的大牛市。 大家拭目以待。

2. 三元九運表：為何2024年是大牛市？

2017年，美股Nasdaq經歷了一場牛市。BTC亦由年初的1000多美元，升到年底的15000多美元。

2020年，美股Nasdaq同樣經歷了一次牛市，而BTC更由3月的3600 美元升至2021年最高的69000美元，升幅達19倍。

這中間究竟有甚麼隱藏的密碼嗎？為何2024年是短期內的「最後一次大牛市」？

如果大家有閱讀過筆者著作《ELON MUSK噴射追棒加密投資中虛的誘惑》，必定對三元九運有點了解。

科技相關的牛市跟九運離火運息息相關。

何謂九運？從三元九運看未來行業大趨勢

九運離火運在2024年正式開啟，究竟甚麼是「三元九運」呢？這是古人劃分大時間的方法，以180年作為一個正元，每個正元包括上元、中元、下元這三元，每一年為60年。每一元再細分為三運，每運包含20年。上元是一運、二運、三運，中元是四運、五運、六運，下元是七運、八運、九運，後來發展成玄空風水。

雖然2024年才是正式踏入九運離火運，但氣數是漸進的，九運的時代逐漸開啟，八運漸漸褪色。由於每個20年運有利的行業都有所不同，所以，你會看見加密貨幣Bitcoin

大行其道。

二元八運 (地運)

運數	年數	年份
一運	18年	1864~1881
二運	24年	1882~1905
三運	24年	1906~1929
四運	24年	1930~1953
六運	21年	1954~1974
七運	21年	1975~1995
八運	21年	1996~2016
九運	27年	2017~2043

三元九運(天運)

運數	年數	年份	五行
一運	20年	1864~1883	屬水
二運	20年	1884~1903	屬土
三運	20年	1904~1923	屬木
四運	20年	1924~1943	屬木
五運	20年	1944~1963	屬土
六運	20年	1964~1983	屬金
七運	20年	1984~2003	屬金
八運	20年	2004~2023	屬土
九運	20年	2024~2043	屬火

也因為如此，火運由二元八運的2017年先開始入氣。

按照易學「三元九運」計算天運的理論，從2024年至2043年為下元的九運，當運之星為九紫右弼星，對應於易經的離卦。在這段時期內，屬火的事物或行業會乘勢崛起，壯大發展。

簡單而言，2024年或早幾年開始，全球會進入一個新時代。（有説玄空風水的土木相會已早了三年多。因此，2020年西曆11月至12月底，便是土木相會之期，九運之氣亦在該段時期進入，才會有2020年的科技牛市誕生。）九紫離火運將會由電腦電子、文化、資訊與外在美麗主導未來20年。屆時，屬八運艮土的投資房地產便會過時了。

至於九運離火卦有甚麼特徵？有利甚麼行業？

用離火卦解釋未來有利的事物和行業

‧由於《離為火》，此卦寓意的是光明、美麗、文明，人們追求外表上的漂亮，故相信美容業、化妝品、甚至整容行業將會越趨盛行，美容師及化妝師等職業更吃香。另一方面，家居裝潢也説是修飾的一種，故亦有利裝修行業。

‧離為火，即科技、文明之象。5G網絡、網絡全球化、互聯網+、人工智能等行業將會進一步發展。除了淘寶、eBay、Amazon等網購已經發展成熟外，網絡上興起Tik-Tok（抖音）、各種KOL帶貨等早已隨運而生。另一方面，以Bitcoin為首的電子貨幣幣圈發展也進入成熟階段，Bitcoin由

早年僅可以買Pizza，到Tesla創辦人Elon Musk表示已接受Bitcoin可買一部電動車。

‧文化、國學、傳媒、教育培訓、影視等行業會進一步更繁榮。

‧航天產業、太空站等會發展迅速，Elon Musk已致力發展SpaceX，上太空已開始成為「平民運動」，他也稱自己大部分的財富都將用於在火星上建造一個基地，又希望通過火箭將人類送上火星。屆時上火星不是夢。

‧離為火：促使電力、能源、電信等火屬性行業飛速發展。其中一個例子便是電動汽車，不論Elon Musk，還是中國都致力發展電動汽車。

相信到時不止TSLA，被散戶稱為中國三傻的電動車NIO、小鵬及理想汽車應該都有所作為。

‧離為心：人們會更重視心靈、精神、心理層面，需求漸增，像心理學、宗教學將會盛行，因此心理諮詢師、婚姻諮詢師、命理師、解夢師等職業會大受歡迎。

‧離為心腦、血管疾病、眼睛等：由於人類已經離不開電腦及智能電話，隨著低頭族群體的日漸龐大，近視、散光等眼疾將會進一步惡化，與此同時，這幾方面的醫療技術、藥物、器械等水平將會取得巨大的發展。

用離火卦看其他未來發展

‧離為中女，女強人將進一步抬頭。中年女子更易躋身領導階層，或成為創業家，有智慧的中年女性會廣受歡

迎，軍政、經濟、學術等領域將會湧現一大批優秀的女性領袖，如今的剩女也成為無稽之談。

無獨有偶，雖然不少國家如德國、韓國等，甚至台灣、香港早已出現了女性領導人，但美國副總統賀錦麗會否打破歷史，成為美國第一位女性總統，世界也矚目以待。

2021年以女性英雄的美國電影《黑寡婦》上畫，過往類似的電影皆為男性英雄為主導，即使有女英雄呈現，但也仿如配菜。

‧離卦的炁，影響最大的是中男，中年男性的事業、家庭方面都容易出現不如意，舉步艱難。

‧2024年進入離火運後，坐南向北有運行，即南方有山，北方有水就行運，中國以為中土，中國的南方地方或國家可行運，即是廣東、廣西、雲南、香港、台灣等地方。國家方面則有菲律賓、星加坡、馬來西亞、越南、泰國、柬埔寨、緬甸、孟加拉、尼泊爾、印度等等南方國家都有運行。

‧那些想不勞而獲的、逃避現實的、依賴他人過活的人也會增多，如不願工作的啃老族、酒鬼癮君子等。

‧離為火，酷熱、乾旱的天氣增多：我們可以預測，離運全球溫度會進一步上升，溫室效應進一步惡化，旱災、火災頻現。

‧離為兵戈：恐怖襲擊、各國衝突和戰爭將會漸趨頻繁。

雖然在2021年後，科技股及幣市在2022年和2023年都進入了熊市，幣圈甚至發生很多令投資者傾家蕩產的事件，不過，如果有看《美股Cryptos通勝》的話，應該可以避過這2年的低潮。

　　2024年已至，大家應該積極賺錢，在2024年投入「或許是人生最後一次的牛市」。

3. 2024年美國FED減息

由2022年3開始,到2023年11月止,美國聯儲局已連續加息11次,為22年來之最。

加息令借貸成本增加,導致金融機構出手也不像之前的闊綽,從而令美國股市在2022年經歷至少一年多的熊市。

不過,上次的加息週期(2015~2018)最多也只是3年,相信美聯儲明年(2024年)之內開始減息,屆時資金便開始又活躍起來,市場交投再次轉向蓬勃,牛市再次來臨。

大家一定很期待我寫:因為FED減息了,所以牛市開始了。可惜的是,我對比過2018和2019的流月和息口週期,發現牛市的起點可以跟減息無關。

回顧2019年的減息週期,雖然不一定年初便立即減息。

2019年的3次減息為7月、9月和10月。大家可作參考。美國近50年的利息周期是指美國聯邦儲備委員會（Fed）根據經濟狀況調整聯邦基金利率的歷史變化。聯邦基金利率是美國銀行之間短期借貸的利率,它影響了其他利率,如房貸、汽車貸款和信用卡的利率。

根據CEIC的數據1,美國長期利率（10年期國債收益率）在1971年至2021年期間呈現出明顯的波動。該數據顯

示，美國長期利率在1981年9月達到歷史最高值，為15.32%，而在2020年7月達到歷史最低值，為0.62%。2024年1月，美國長期利率為4.06%，高於2023年12月的4.02%。

1983年3月至1984年8月，基準利率從8.5%上調至11.5%。當時，美國經濟處於蘇醒初期，里根政府主張減稅以輔助經濟的蘇醒。1981年美國的通脹率達13.5%，靠近超級通脹。

2020年3月，由於新冠疫情的影響，美聯儲緊急降息至0-0.25%，並啟動了大規模的資產購買計劃，以增加市場流動性。

2022年3月，由於美國通脹率創下40年來的新高，美聯儲宣佈加息25個基點（即0.25%），將聯邦基金利率目標區間提高至0.25%-0.5%3。這是2018年以來美聯儲首次加息，也是開啟了新一輪加息周期的信號。到了2023年7月，這個加息周期被視為結束。在這個周期中，美國聯儲局（FED）的加息幅度達到了5.25%，這是1980年代以來的最大幅度。具體來說，2022年5月開始調高利率，加息幅度達0.5厘，6月再加0.75厘。然後在2023年9月的議息會議上，聯邦基金利率維持在5.25至5.5厘。

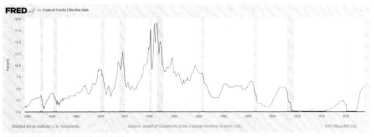

美國聯儲局基準利率70走勢

一般來說，當經濟增長強勁，通脹壓力上升時，美聯儲會加息以降低通脹；當經濟放緩，通脹減緩時，美聯儲會降息以刺激經濟。根據外資預估，美國最快可能在2024年5月開始降息。預計全年會降息4碼，即1%。然而，這些預測可能會因為具體的經濟環境和市場條件而有所變動。

4. 2024年牛市的模樣

由於不少人問我：「牛市甚麼時候來？」

但說實話，即使是玄學，也很難很準確地說出真實的日子。

不過，根據以往的圖表，其實有跡可尋。

在牛市的起點，或者叫牛市之前，多數有一個大跌市，即俗稱的「股災」。由於找不到更好的NASDAQ圖表，所以使用了S&P500。

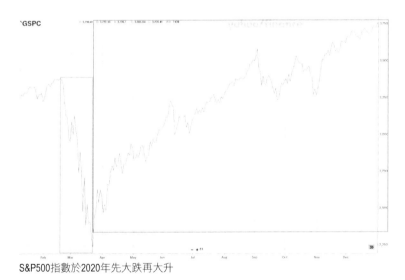

S&P500指數於2020年先大跌再大升

由此圖可見，圖中分成2個部份，是2022年2~3月的左手

邊，以及3月中到年底的右手邊。

　　還記得2020年3月12日，當日BTC一天裡便下跌了40%，是BTC，而不是其他二、三線幣。當然，之後幣市便迎來一個大牛市。

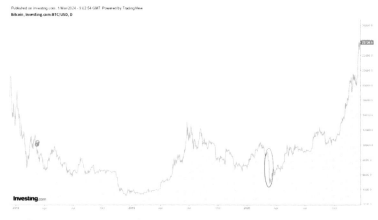

2020年3月12日BTC一天內下跌40%

　　因此，如果2024年的大牛市來之前，可能先有一個大跌市或股災。

5. 2020年美股升幅最厲害排行榜

大家一定很疑惑，為甚麼要搬2020年最大升幅股票出來？

因為2024年的牛市，可能是2020年的翻版，雖然不一定是100%一樣，但也可以發掘有甚麼值得留意的2、3線股。

由於2020年是疫情年，而第一位的NVAX(諾瓦瓦克斯醫藥)可能未必合適。

由於那年是疫情年，醫藥股可以乘勢而起，但相信2024年疫情不再，所以還是留意其他股票吧。

由於2024年是九運離火運第一年，相信可以留意電、太陽能、電動車等股，這包括BLNK(Blink充電公司)、BEEM(Beem太陽能)、NIO(蔚來)等等。不過，相信等到牛市中後期才明確吧。

代碼	名稱	2020年漲幅
NVAX	諾瓦瓦克斯醫藥	2702%
BLNK	Blink充電公司	2198%
VXRT	Vaxart生物技術	1529%
BEEM	Beem太陽能	1483%
PFH	保誠金融	1469%
RIOT	Riot區塊鏈	1417%

ACET	愛切托生物技術	1392%
KIRK	柯克蘭傢俱	1341%
TRIL	延齡草治療	1328%
NIO	蔚來	1112%

6. 2024年的美股流月預測

　　大家一定最好奇的是，2024年的美股流月走勢是怎樣，我從以下幾方面分析，得了2024年的結果，當然不會100%準，但希望測到大概的趨勢。

1. 過往歷史圖表

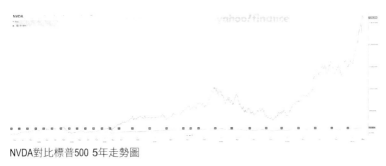

NVDA對比標普500 5年走勢圖

2. NVIDIA CEO JENSEN WONG的八字

3. 九運的參考

1月乙丑：先跌後升	5 - 8月 ：輾轉向上，有利股市
2月丙寅：反覆	9月癸酉：不利股市
3月丁卯：不利股市	10 - 11月：反覆向上
4月戊辰：築底	12丙子月：反覆/平穩

7. 股王爭霸戰：誰是未來10年霸主？

如果大家真讀過我之前那本《美股Cryptos通勝》（2022年初完成的），便會知道，當時已經説過，NVIDIA很大可能從後居上，成為2023年的新一代的股王。

那麼，未來的走向，誰又會是美國科技股的10年霸主？

簡單而言，NVIDIA的CEO Jensen Huang在2027年將會走入人生財富高峰的10年大運，所以有理由相信，NVIDIA會愈做愈好。

至於Elon Musk主宰的TSLA，雖然未來數年都會有利其股價發展，但2028年開始的戊子運，除了首5年仍在高位徘徊，之後很可能輾轉向下。以下不妨重溫Jensen的八字：

	基本	命盤	細盤	大運	流年	提示	
	\[未起大運顯示小運，十步大運要打開設置\]						
日期 歲 年	時柱	日柱	月柱	年柱	大運 54歲 2017	流年 59歲 2022	
	【點擊六柱干支可看提示】						
天干		辛元男	甲財	癸食	戊印	壬傷	
地支		卯才	寅才官印	卯才	申劫傷印	寅才官印	
流月干	壬 癸 甲 乙 丙 丁 戊 己 庚 辛 壬 癸						
流月支	寅 卯 辰 巳 午 未 申 酉 戌 亥 子 丑						
星運	帝旺 絕 胎 絕 帝旺 胎						
	\[點擊大運和流年的干支可切換到上面\]						
大運 8	0-3	4歲 1967	14歲 1977	24歲 1987	34歲 1997	44歲 2007	54歲 2017	64歲 2027	74歲 2037

大運 8	小運	癸丑	壬子	辛亥	庚戌	己酉	戊申	丁未	丙午

	2017	2018	2019	2020	2021	2022	2023	2024	2025	2026
流年	丁酉	戊戌	己亥	庚子	辛丑	壬寅	癸卯	甲辰	乙巳	丙午

筆者觀乎Jensen Huang的八字，NVIDIA不單是未來5年的潛力股，未來10，甚至20年都是它的世界。因此，將Jensen Huang比喻為「Steven Jobs喬布斯」一點也不過份，甚至有過之而無不及。

Jensen Huang，辛金男，被重重的寅木、卯木財星包圍，年干有一粒癸水食神生財，雖然時干未能知道甚麼干支，但憑Jensen Huang如此輝煌的成就，在2021年底躍進全美國第7大市值的公司，相信他即使不是真的從財格，也很大可能是假從財格。

從財格以財星(木)為用神，喜水、木、火，忌金比劫克財。一般來說，這種命造擅長經商營銷，愛財如命。有時愛財勝於愛命，只要他認為有利可圖，可以不惜生命去博一博。財(木)官(火)並見，富貴雙全，名利雙收。

回顧他的歷史，1999年，因NVIDIA有出色的銷售量，身家升至高達5億美元，被財富雜誌評為全美40歲以下最富有的人之一。那是正在庚戌大運己卯年，戌是火庫，卯正是他的偏財。

2024年甲辰年，也是正式踏入九運的第一年，可能在第一季有所回調後，相信財富及股價會愈來愈好，之後更是一路向好。

從財格喜見官殺，才顯貴，之後的2027年，他將進入官殺的丁未大運，以及丙午大運，更是將他的八字順生，可能已經可以成為美股霸主，首屈一指。當然，也可能不需要等到2027年這麼久，2025年乙巳年開始，流年上已經開始

見到木火年。NVIDIA很大可能「登峰造極」，成為美股霸主。

（註：由於不清楚Jensen的時柱，有些地方仍有待商榷，不敢太妄斷。）

至於ELON MUSK的八字，我則引用了李應聰師傅的解說：

自然之道－八字論命						
四柱	時柱	日柱	月柱	年柱	大運	流年
歲數	49-64	33-48	17-32	1-16	1-8	
主星	傷官	元男	比肩	正官		
天干	丁	甲	甲	辛	一	
地支	卯	申	午	亥	一	
藏干	乙 劫財	庚 七殺 壬 偏印 戊 偏財	丁 傷官 己 正財	壬 偏印 甲 比肩		
納音	爐中火	泉中水	沙中金	釵釧金		
大運	2059 89 乙酉	2049 79 丙戌	2039 69 丁亥	2029 59 戊子	2019 49 己丑	2009 39 庚寅
	1999 29 辛卯	1989 19 壬辰	1979 9 癸巳	1971 1 一		

以下截自李應聰師傅之前所說：「此八字其實暗藏玄機：月柱甲午，日柱甲申，夾拱一〔未〕字，而年支時支〔亥卯〕邀〔未〕，此一〔未〕字，局雖不現，而地支虛神籠罩。此〔未〕字，正是甲木日元的財庫也！

傷官＋財星（月令午中己土），稱為〔傷官生財〕，乃由專業而創業之命格

從他的人生可知，他有改革影響人類之決心，故對科技，再生能源等等十分著迷。科技能源等等五行屬火，改

革發明是傷官，月令午中丁火透出傷官成格，正正反映命主性格及職業能力。

甲木通根亥卯，羊刃在時，日主甚為有力，甲木性情以庚金為配合，佐以丁火煉庚，日主力強足以用殺，故用神取格為〔財滋弱殺格〕，財滋弱殺乃企業家之命格也！八字局中組合成甲庚丁十干性情大格局，日主身強而又有財庫（虛神），因此才能成為世界首富。」

至於TSLA的股價預測，請看下文。

8. TSLA 神話可以在未來數年再現嗎?

　　世界首富Elon Musk的TSLA是不少人的致富股。可惜,相比往年,它在2023年的表現不算突出,鋒芒甚至被Nvidia的Jensen Huang蓋過。

　　究竟未來數年,TSLA可以神話再現嗎?

　　如果大家在2021至2022年時,有購買我前作《美股Cryptos通勝》,或者觀看過我的Youtube Channel,便會知道,當時我已說新股王將會是Jensen Huang的Nvidia。

　　2024年是甲辰年,由於是九運第一年,始終是牛市年,所以,身為甲木的Elon,就算是破財,也爛船有3根釘,表現應該不會太差。股價應該先跌後升,年中後跟隨大市重拾升勢。

　　只是獨領風騷可能己經不是他了。

　　2025年是乙巳年,乙木是他的劫財,也是破財年,恐怕股價會向下沉。不過可能先跌後升。換個角度來看,該年有不錯的買入機會。

　　這一年,TSLA的鋒芒必然被Jensen Huang的Nvidia蓋過,因為他在這年走財年。

　　這一年,我8至9成客人恐怕投資破財。也只能叫他們謹慎一點,要在適當的流月才好投資。

另外，2026年丙午年，我手上的客人更會是破財連連。而丙火將會克著Elon的辛金正官，這年他在事業上可能有不利的情況。

但2027年的丁未年，Elon Musk的財運再出現。相信這年應該表現不俗。

那我們到時再看看咯。

TSLA 5年價格走勢

9. 點評7大科技武士(過氣)之首

相信科技股7大武士，大家一定不會陌生。這個組合包括蘋果（AAPL）、微軟（MSFT）、亞馬遜（AMZN）、Alphabet（GOOGL）、輝達（NVDA）、特斯拉（TSLA）和Meta平臺（META）。

這裡並不打算重覆介紹這7大武士，相信大家比我懂的還多。

只是，如果點評未來發展的話，若相信牛市會由他們帶動，蘋果（AAPL）可能會比較遜色一點。

主要是，其餘幾家科技大股都各具特色，業績報告表現不俗，按年都有上升(雖然TSLA純利好像有點危)，但仍然有市場的發展潛力。

至於AAPL，貴為過去科技股領頭羊，但有可能未來成為垂垂老矣的老人家。

Apple(AAPL)2023年7~9月第四季的業績報告出爐，營業收入已經是連續四季營收下滑。除了iPhone營收438億美元，年增3%符合預期，其他Mac、iPad、穿戴式裝置等都是下跌。

地區收入方面，大中華區跌2%至150.84億美元，日本跌3%至55.05億美元，歐洲及亞洲其他地方跌1%，美洲銷售仍

佳，按年升1%。

　　相信在未來，其他手機品牌越趨完善，以iPhone為主力產品的AAPL可能岌岌可危。

AAPL簡評：

- 本季營收895億美元，年減1%
- 每股盈餘1.46美元，皆高於市場預期
- 營收連續四季營收下滑
- iPhone營收438億美元，年增3%符合預期
- Mac營收76億美元，年減34%低於預期
- iPad營收64.4億美元，年減10%高於預期
- 穿戴式裝置營收93.2億美元，年減3%，低於預期
- 產品收入672億美元，年減5%
- 服務收入營收223億美元，年增16%高於預期

　　以市場收入表現來看，除了美國小幅成長1%，其他包括歐洲與日本市場都在減速，

　　中國經濟減速為主要逆風，競爭對手也成為投資者的擔憂，使該市場營收151億美元，年減2.5%低於分析師預期。

　　據《Bloomberg》轉述消息人士透露，2024年2月下旬Apple確定終止長達10年的電動車研發計劃。知情人士指出，Apple向內部員工部宣布此消息，而原來負責的汽車團隊將會轉移到AI部門，專注在生成AI項目，因為AI現在才是Apple優先考慮的研發項目之一。至於電動車團隊還有數百名硬體工程師和汽車設計師，他們或許有機會申請其他團隊的職位。不過，也有部分人員將面臨被裁員。

10. 下一個BB時的TSLA或NVIDIA

如果時光可以倒流的話，相信大家一定想TSLA回到10~20元，NVIDIA回到幾元的時候。

要這2個巨人回到以前，相信比較難了！

但如果跟你講，還有下一個10倍股，下一個TSLA、META或NVIDIA…大家可能會心動了！

2023的AI新星是Palantir(PLTR.US)。

我發現Palantir的FOUNDER Peter Andreas Thiel的八字，他都是一個戊申人，跟Mark Zuckerburg差不多。雖然時柱還不知道。但大家都是食神生財的格局。

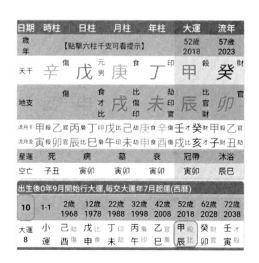

比較不同的是，雖然Peter現在走甲辰運，但他走晚運，2028年進入癸卯大運，也是財來合他。

到時將會為他帶來源源不絕的財富。

不要因為要等到2028年而氣餒。現在就相當於NVIDIA十幾元的時候。

由於2024年是大牛市，隨著牛市的來臨，分分鐘成為NQ巨擘之一。Palantir Technologies Inc.總部位於丹佛。該公司以大數據分析而聞名，主要客戶包括政府機構和金融機構。

Palantir建立了一系列卓越的軟體平台，使組織能夠在公共和私營網絡上創建和管理人工智能。他們致力於在當今充滿變革的時代，幫助客戶進行可靠、安全的決策，並在戰爭環境中取得勝利。

Palantir在人工智能、數據科學和機器學習領域被評為第一名，並且在全球範圍內展示了卓越的市場份額和收入。作為一家具有創始根源的情報和國防公司，Palantir擁有符合最嚴格標準的認證或合規證明，包括FedRamp、IL5等。

Palantir的平台可以快速交付價值，不需要花費多年的時間。Palantir還可以自動連接和增強現有的數據系統。

Palantir Technologies的使命是通過數據驅動的智能應用程序為複雜、高價值的政府和商業用例提供支持。

另外，Palantir(PLTR.US)已符合資格加入S&P 500？

首先，要獲得成為S&P 500指數成分股的資格，公司必須符合某些條件，例如：

1. 市值(指公司已發行股票的總價值)為一定規模以上(82億美元)

2. 美國本土企業

3. 最近四個季度的總收益與最近一個季度的收益為正

由於這樣，美國只有最大、獲利最穩定的公司才能被納入標準S&P500指數，並且每季進行審查和更新成分股名單。

Palantir(PLTR.US)剛剛好有資格加入S&P 500。

2023年11月初，Palantir(PLTR.US)公布了第三季度業績。由於市場對其新的人工智能產品的需求強勁，該公司連續第四個季度實現盈利，並且利潤達到了公司成立20年來的最高水平，創歷史新高。

數據顯示，該公司Q3營收同比增長17%，至5.58億美元，市場預期為5.561億美元，淨利潤達到7200萬美元，上年同期淨虧損1.239億美元，調整後每股收益為0.07美元，市場預期為0.06美元。

而在去年早些時候，Palantir推出了一款名為Artificial Intelligence Platform(AIP)的新產品，並稱該款人工智能產品需求非常旺盛，自那以後，該股股價持續飆升。

截至季度末，Palantir持有33億美元現金、現金等價物和短期美國國債。

加入S&P500為什麼重要？

・Palantir的盈利表現和企業對其數據分析服務的需求增加，顯示出該公司在人工智慧領域的競爭力。

‧Palantir有可能被納入S&P 500指數，這將引發大量對股票的需求，對於股價有提升的效果。

11. 跟著AI熱潮去炒股

2023年，是人工智能（AI）熱潮的一年。

打響旗號的諸如NVIDIA，或者Palantir，股價都有2倍或以上的升幅。

那麼下個大牛市，以AI主題的股有甚麼光景呢？

AI的崛起點燃了散戶對科技股的希望，不論由ChatGPT、各式各樣圖片、音樂自動生成，令不少設計師失業不止，還正在顛覆我們的工作及賺錢模式，這都創下了科股領域一個新的里程碑。

按照Grand View Research的預測，全球AI市場規模有望從2022年的1370億美元增至2030年的1.81萬億美元。甚至有人提出，我們正處於AI的「iPhone時刻」。

以下是AI股票潛力股：

AI股票1：輝達NVIDIA(NVDA)

相信沒有人會反對，NVIDIA已經是AI界的一哥，該公司的高性能微芯片驅動各種AI軟件和服務，可以說是AI的心臟。

微軟(MSFT)在2023年初發文透露，將斥資數億美元幫助OpenAI組裝了一台AI超級計算機，以幫助開發爆火的聊天機

器人ChatGPT。這台超算使用了數萬個NVIDIA的GPU A100，使得OpenAI能夠訓練越來越強大的AI模型。

早在2016年，NVIDIA就為OpenAI提供了全球第一批AI超級計算器，協助大語言模型的擴張。即使到了今天，OpenAI依然在使用數千顆NVIDIA的GPU芯片訓練它的大語言模型。

此外，NVIDIA還提供各種內部AI解決方案，比如說Launchpad平臺。

2023年開始NVDA股價走勢凌厲

AI股票2：AMD

既然NVIDIA處於AI界一哥地位，它必然有競爭對手。相信最大的競爭對手非AMD莫屬。

NVIDIA目前於AI晶片市場上處於近乎壟斷的地位，畢竟硬體強大，軟體生態亦好用，但受限於有限的產能、高昂的價格，不少客戶開始尋找替代方案，Intel、AMD皆是選項，尤其是AMD Instinct系列硬體越來越強大，開發平台亦逐漸成熟起來。

無論是NVIDIA或AMD，都計劃將更多精力投入AI加速器。AMD於2023年公布第三季財報後即明確表示，Instinct MI300X晶片有望成為AMD歷史上以最快速度達到1億美元銷售額的產品。

AI股票3：微軟Microsoft（MSFT）

MSFT不僅投資了ChatGPT的締造者OpenAI，同時將生成式AI與該公司的未來緊緊聯繫了起來。微軟最近發佈了AI工具Dynamics 365 Copilot，還計劃用AI給自己的核心軟件賦能，其中包括Bing搜索引擎以及Office辦公套件。Bing正在搶奪GOOGLE的市場份額，未來有望成為搜索引擎市場上的一大玩家。

Microsoft正在將AI技術融入工具、產品和服務中，以供組織使用。許多已經擁有現代化數據基礎設施的組織正在利用先進的AI技術來解鎖創新並提供更大的商業價值。

Microsoft的合作夥伴在幫助客戶加速AI轉型中起著關鍵作用。當各行各業的領導者尋求跟上當今的技術進步時，他們會轉向Microsoft和其合作夥伴的生態系統，以在他們的信任平台上共同創新，並將他們的AI策略變為現實。

Microsoft AI Cloud Partner Program旨在支持每一個合作夥伴，在其雲端和AI產品範疇內提供客戶價值。

公司致力於為尋求在其行業內轉型的組織帶來全面的行業專業知識、規模和協助能力。從加拿大輪胎提供更流暢和個性化的購物體驗，到AT&T減輕員工任務的同時降低IT

成本，AI轉型正在發生。

Microsoft的合作夥伴正在加速他們的AI轉型，以推動業務增長和盈利能力，同時擴大市場策略。

AI商學院是一個在線系列課程，旨在幫助高管們全面理解AI。

Microsoft的AI業務是其總業務的一部分，並且在多個產品和服務中都有所體現。

Azure是Microsoft的雲計算服務，其中包括了大量的AI功能。在2022年，Azure的收入為440億美元，占Microsoft總收入的22%。

Office365是Microsoft的產品性和商業流程部門的一部分，其中包含了一些AI功能，如智能助手和數據分析工具。在2022年，Office365的收入為449億美元，占Microsoft總收入的23%。

Windows和伺服器產品這兩個產品線也包含了一些AI功能，如Windows的語音助手Cortana。在2022年，Windows的收入為248億美元，佔Microsoft總收入的12%，而伺服器產品的收入為240億美元，也佔Microsoft總收入的12%。

根據一項由Microsoft委託IDC進行的研究，71%的受訪者表示他們的公司已經在使用AI。

AI股票4：Palantir(PLTR.US)

我特意寫了一篇文章，說Palantir是「下一個BB時的TSLA或NVIDIA」，有望是下一隻10倍股。(見前文)

AI股票5：C3.AI

　　有沒有美股是一隻提供純AI服務的呢？提供獨特AI服務套件的C3.ai Inc（NYSE：AI）就是一隻純純的AI股票。

　　該公司為大型科技公司如微軟MSFT、Alphabet(GOOGL)以及AMAZON(AMZN)等開發AI解決方案以及軟件創造銷售額。C3.ai, Inc.（也稱為C3 AI）是一家美國上市科技公司，專注於企業AI。

　　C3.ai由Thomas　Siebel於2009年創立。公司總部位於美國加州雷德伍德城。

　　C3.ai提供跨端點和雲端工作負載、身分和資料的雲端交付保護。它提供C3 IoT平台，這是一個基於雲端的軟體平台，可實現企業級軟體應用程式的快速設計、開發、部署和營運。

　　該公司已獲得眾多獎項和認可，包括Forrester Wave領導者AI和ML平台（2022年）、年度Google　Cloud合作夥伴以及IDC MarketScape（2019年、2021年）企業ML領導者開發平台。

　　C3.AI首席執行官Tom Siebel預測，AI領域潛在的軟件市場規模即將達到6000億美元，他預計每一個人將很快用上企業AI應用。C3.ai, Inc.是一家企業人工智慧應用軟體公司，提供一系列完全整合的產品。

　　C3.ai建立了一個單一的整合解決方案，使客戶能夠在任何基礎設施中快速開發、部署和營運大規模企業人工智慧應用程式。客戶可以在所有主要公有雲基礎設施、私有雲或混合環境上部署C3.ai應用程序，或直接在其伺服器和處

理器上部署。

　　平台提供端到端平台即服務，允許客戶大規模設計、開發、配置和營運企業人工智慧應用程式。該平台使用獨特的模型驅動架構來加速交付並降低開發企業人工智慧應用程式的複雜性。

　　行業特定軟體即服務(SaaS)和企業AI應用程式組合，可實現全球組織的數位轉型。C3.ai主要以基於訂閱的商業模式進行營運。然而，他們也轉變為以消費為基礎的定價模式。

　　C3.ai獨特的低程式碼到無程式碼人工智慧策略以及不斷增長的產業解決方案庫以及對通用資料模型的極度重用，有助於獲得合作夥伴和企業客戶的廣泛採用。

　　公司致力於加速產業夥伴關係，為合作夥伴生態系統創造和獲取價值。

　　C3.ai為其客戶和合作夥伴提供了解決AI供應商鎖定的方法。他們提供五個主要的軟體解決方案系列，統稱為C3.ai軟體。

AI股票6：CrowdStrike

　　網絡安全公司CrowdStrike Holdings, Inc.（CRWD）借助它強大的AI生成警報以及先進的測試工具識別和阻止最複雜的威脅。CrowdStrike Holdings, Inc.是一家領先的網路安全軟體供應商。公司成立於2011年，旨在重塑雲端時代的安全性。公司的使命是保護客戶免受資料外洩的侵害。

CrowdStrike提供跨端點和雲端工作負載、身分和資料的雲端交付保護。它提供企業工作負載安全、安全和漏洞管理、託管安全服務、IT營運管理、威脅情報服務、身分保護和日誌管理。該公司的主要產品是Falcon平台，這是第一個多租戶、雲端原生、智慧安全解決方案，能夠保護在各種運行於本地、虛擬化和基於雲端的環境中的工作負載端點。

截至2021年，該公司擁有9,800名訂閱者，其中包括財富100強公司中的60家。

訂閱費佔總收入的92%，而專業服務佔7%。美國佔總營收的72%，其次是歐洲、中東和非洲，佔14%，亞太地區佔9%。Statista報告該公司的雲端原生端點保護平臺Falcon的市佔率達12.6%，佔據市場主導地位。受益於強勁的需求，CrowdStrike2022年四季度的收入同比增速超過50%。

AI股票7：SoundHound AI

SoundHound AI Inc（SOUN）是一家對話式AI科技以及語音助手公司，提供Dynamic Interaction和Generative AI解決方案，並且公司將目光瞄準了汽車行業這個龐大的市場。

該公司最新產品SoundHound Chat AI預示著語音和對話式AI新時代的到來，並且通過整合軟件工程、機器學習以及生成式AI提供只在科幻電影裡才能看到的數字助手體驗。該公司首席執行官Keyvan Mohajer表示，對話式AI已經到達關鍵時刻，該公司去年45%以上的增速以及非常積極的財測佐

證了這一觀點。

SoundHound AI Inc.在一個獨立的語音人工智慧平台上運營，該平台透過客製化的對話體驗，將人們與品牌連接起來。

SoundHound的平台提供支援語音的產品、服務和應用程序，使公司能夠存取其寶貴的數據和分析，以更好地控制和品牌擁有客戶體驗。

SoundHound在智慧型裝置、電視和汽車垂直領域維持不斷成長的授權業務。該公司越來越重視其高速SaaS產品SoundHound forrestaurants。該產品直接抵消了食品和飲料行業的勞動力短缺和成本增加。

SoundHound推出了一項名為Dynamic Interaction的突破性技術，徹底改變了由SoundHound支援的新一代產品和服務的使用者體驗。

SoundHound正在降低成本，同時優先考慮收入成長的最高來源。SoundHound的累積預訂積壓超過3億美元，進入今年以來營收呈現正向成長軌跡。公司預計其訂閱業務將顯著成長。

SoundHound AI Inc.的目標是將語音人工智慧融入所有事物中，讓更多人的生活變得更簡單、更方便、更安全。他們相信每項產品和服務都應該支援語音。

12. 2024年投資美股最不能做甚麼

不少散戶都喜歡做空，尤其玩期權，我只能再三提醒：
2024年，美股最不能做的是做空。

如果大家有買我的《美股Cryptos通勝》一書，這本書在
2022年初寫好的。當時已經寫NVIDIA 是2023年的股王。

可是，2023年所聽回來的是，有人在NVIDIA 2XX元已經
做空了，之後發生甚麼事情大家可想而知。去年NVIDIA最高
到達500多元，2024年3月更升穿800美元。

因為是朋友口中聽回來的，不知道這位人兄最後中途
有沒有止蝕。但我聽這個個案時，NVIDIA已經升到大概3XX
多，差不多400元的時候。所以，重點是，在2024年的牛市
時間，大家真的不要想著要做空。

跟不同玩美股的人交流過，他們都以為：如果自己看
跌的話，那做空就好啦。做空都可以賺錢呀。

誰知道就虧得死死的。

還有就是，不要玩期權，尤其是最近的市況，都是上
下通殺的。

不論買升，還是買跌都會虧死的。

2024年不僅是一個牛市年，也跟2023年不一樣，可能是
人生唯一一次大牛市，所以千萬不能輕易做空。

13. 2024年的10倍股

众所週知，2024年是AI年，加上是正式踏入九運的第一年，所以市場上，凡與AI有關的股票，都很可能禾雀亂飛。

挑選2024年的10倍股，筆者有幾個考量：

1. 從事AI相關的業務

2. 有名人加持

3. 細細粒，尚未炒上

SoundHound AI（納斯達克股票代碼：SOUN）便符合以上條件。SoundHound AI主要在支持語音的人工智能和音樂識別技術方面而聞名。該公司開發了一種名為「Houndify」的流行語音激活虛擬助手，允許開發人員將支持語音的人工智能功能集成到他們的應用程序和設備中。SoundHound AI的技術還因其識別歌曲和通過語音命令提供音樂相關信息的能力，使其成為基於語音和音頻的人工智能應用領域的著名參與者。

不過，最重要是，它受到知名人士的加持，這包括了NVIDIA和軟銀等等的機構。

使SoundHound AI股票由今年年初至2月底，上漲了176%。

根據相關資料：

1. 軟銀投資：根據其13F文件，軟銀集團在2023年第四季度啟動了對SoundHound AI的投資，購買了約110萬股股票。

2. NVIDIA的戰略投資和持續支持：人工智能芯片製造商NVIDIA披露了對SoundHound AI的投資，包括持有SoundHound 370萬美元的股份，進一步鞏固了該公司在人工智能革命中的地位。NVIDIA對SoundHound的初始投資可以追溯到2017年，參與了7500萬美元的融資。此後，它已收購了約173萬股股票，凸顯了NVIDIA對SoundHound在人工智能領域的支持。

3. 戰略定位：SoundHound的戰略績效領域包括汽車、電視、互聯網連接設備和人工智能語音客戶解決方案。與Stellantis和現代等公司的合作伙伴關係展示了其強大的影響力，並增加了涉足人工智能聊天機器人市場的潛力，尤其是在NVIDIA的支持下。

SOUN股價在2024年2月後大幅抽升

筆者在執筆這篇文章之時，是2月29日。股價大約在6元，與其他的AI股相比，可說是小巫見大巫，相信在牛市尾段，股價可以大升特升。

14. 契媽終於可以翻生？

大家一定對契媽Cathie Wood熟悉不過！這位投資界奇人，在2020年的牛市中，橫掃不少科技股，最終以153%的年回報，擊敗股神巴菲特的2%。

無他，因為2020年是科技股大牛市的一年。

很可惜的是，2021~2022年，隨著不少科技股漸漸打回原形，不少科技股更大跌超過一半以上，Cathie Wood由高高在上的神枱跌下，並遭到不少契仔契女的吐槽。

相信2024年，Cathie Wood可以捲土重來。

不過事先聲明，契媽買了不少二、三線科技股，牛市當然可以被捧上天，但熊市都會打回原形，大家組合應該仍需持有大股比較安全。

不過值得一讚的是，契媽在2020年的組合裡，已經驚見AI三寶的Palantir、C3.ai了，看來如果當年契媽若肯「見好就收」，逃過熊市的話，相信不至於如此聲名狼藉。

2024不妨看看契媽買了甚麼股。以她管理的ARKK ETF為例，基金為主動型ETF，尋求資本的長期增長，透過在正常情況下主要投資（其資產的至少65％）相關的破壞性創新的投資主題的公司，及其國內和美國上市交易的外資股權證券。

截至2023年12月31日，其持股分佈為資訊科技佔29.4%，健康護理佔22.4%，金融佔20.6%，通訊服務佔13.6%，非必需消費品佔10.5%，原料佔2.3%，工業佔0.9%。

截至2024年1月31日，ARKK的10大持股

個股名稱	投資比例(%)	持有股數
COINBASE GLOBAL INC-CLASS A	8.84	5,306,390
TESLA INC	7.91	3,242,274
ROKU INC	7.84	6,768,362
ZOOM VIDEO COMMUNICATIONS-A	7.10	8,297,244
UIPATH INC - CLASS A	6.65	21,871,306
BLOCK INC	6.43	7,396,554
CRISPR THERAPEUTICS AG	4.99	6,068,336
ROBLOX CORP-CLASS A	4.13	8,274,007
TWILIO INC-A	3.80	4,073,802
SHOPIFY INC-CLASS A	3.66	3,486,881

ARKK的管理費為0.75%，發行公司為ARK ETF Trust。

15. 升市ETF

　　說起ETF，大家可能會想起TQQQ或者SQQQ，不過坦白說，我不是很推薦這2款，因為波幅太大，尤其是指數相當波動，很容易動輒坐艇20~30%。

　　反而，個股的ETF比較容易拿捏。

看好TSLA的ETF
(TSLL.US)-Direxion Daily TSLA Bull 1.5X Shares

TSLL 1年價格走勢

　　TSLL是用衍生工具swap或options作投資物，以每天1.5倍tesla股價作投資。當tesla股價上升1%，TSLL價格便上升1.5%；當Tesla股價跌2%，TSLL便跌3%。

　　以往要做股票槓桿，方法是用margin account去抵押一些已

有持貨，然後借錢買股票。此孖展借錢方法有三個缺點：一是要於證券行有margin account；margin account與cash account不同，證券法律對於margin account的保障較少。缺點二是抵押，抵押會令抵押品失去流動性，即是不能快速變現，而且抵押比率會按市況而變化，當證券行調低抵押比率時，便要可能要補倉。缺點三是借錢的利息，一般都五至十厘，如果槓桿後的回報不能高過借錢的利息，便是倒蝕。

至於其他運用槓桿的投資物如期貨／期權／輪證等等，都有限時限刻的時間值缺點。

反觀single stock ETF，本身就是一隻衍生工具，免除於證券行及margin account的麻煩，而且ETF一視同仁，不會因為投資者的身份及資產狀況而有不同的待遇。隨時買賣，溢價及買賣差價比起期貨／期權／輪證更少。

不過，這些衍生產品的ETF有一項通病，就是上升會升得少過正股，下跌又會跌得多過正股，原因是ETF背後的衍生產品是每天rebase。

例如正股股價由10元升至11元(+10%)，第二天由11元跌回10元(-9.091%)，第二天之後持有正股是冇賺冇蝕，但持有1.5x ETF便會出現虧損：

假設初始1.5x ETF價格為100元，第一天：+10%(正股)x1.5(倍數)=15%,ETF價格由100元升15%至115元

第二天：-9.091%x1.5=-13.63%，ETF價格=115元x0.8636=99.31元

大家看見第二天之後，ETF的價值是99.31元，比原來的

100元為低，這就是volatility decay或稱volatility drag所造成，其實背後都是單利及複利的差異。

　　所以此類衍生產品槓桿ETF的長期累計回報不是直接把正股的回報乘以槓桿比率而來，而需要同時考慮volatility，尤其打算長期持有的話。

看好NVIDIA的ETF
（NVDL.US）GraniteShares每日1.5倍做多NVDA主動型ETF

NVDL 1年價格走勢

　　這個基金是主動型ETF，尋求每日投資結果（未計費用和開支）為NVIDIA公司（NVDA）普通股每日百分比變化的兩倍（200%）。顧問與主要金融機構簽訂一份或多份掉期協定，期限從一天到一年以上，據此顧問和金融機構同意交換基礎股票的收益。

看好半導體的ETF
（SOXL.US）Direxion Daily Semiconductor Bull 3X Shares

SOXL 1年價格走勢

　　這個基金所追蹤之指數為ICE Semiconductor Index，在扣除各種費用和支出之前追求達到指數當日報酬正向300%的投資表現。

　　SOXL將其至少80%的淨資產（加上用於投資目的的借款）投資於金融工具，如掉期協定、指數證券、追蹤指數的ETF以及為指數或追蹤指數的ETF提供每日槓桿敞口的其他金融工具。

　　該指數是一個基於規則的、經修改的浮動調整市值加權指數，追蹤美國30家最大的上市半導體公司的表現。其管理費為0.75%，發行機構是Direxion Shares。

　　不過，有美股行家跟我説，她這世人再也不會玩SOXS，或者SOXL，因為波幅太大，大家可自行衡量其風險。

16. 大戶一日的生活

　　説起大戶投資者的日常，大家一定好奇他們是不是除了睡覺之外，眼睛便注視著電腦熒幕，目不轉睛地盯著盤，看著市場消息，每分鐘幾十萬上落？並不是的。事實上，他們一天看盤的時間，可能短至半小時，長則至1小時。

　　先簡略介紹前老闆Tony及Lewis的背景，他們在2017到2018年期間，投資回報翻了25倍，除了炒Bitcoin和其他虛擬貨幣外，還參與了不少ICO項目，即相等於股票的IPO項目，回報甚豐。雖然前老闆Tony的投資並不如機構投資般浩大，但在香港幣圈市場裡，他與小老闆Lewis由百萬港元資本，在投資虛幣ICO及各種虛幣後，投資總額達至過億元，所以他們常常稱自己為「香港首幾個大的幣圈投資者」也不為過。

　　那麼究竟，兩位大戶老闆的一日投資生活是如何？

　　早上：晨運

　　下午3時：回到公司吃下午茶，打開電腦盯盤、研究幣圈市場資訊及處理公司事宜，但真正看盤時間大概只有半小時至一小時。

　　傍晚：離開公司，與朋友Happy Hour。

　　另一位老闆Lewis，情況也差不多。

讀者可能會說，他們都是老闆，當然有你看不到他做事情的時候。但反正，他們就是一副從容不迫的態度，不會隨著幣市當天的起跌而有任何情緒的表現。

比起盯盤，更注重研究幣圈？

「大戶」的一日生活如此悠閒，但事實真的如我們所見，他們簡單地買入，便可以運籌帷幄地等賺錢？

不是的。他們比較注重各幣的發展，如甚麼時候上主網、可解決甚麼方案、對幣圈的影響和功用等等。

Tony和Lewis兩人本身花較多時間在研究各幣的發展上，甚至聘請三大的大學生做兼職研究，了解各幣的潛力及前景，才加重注碼。

另外，他們又會做功課，專注計算挖礦的成果，而不是花時間緊緊地盯著盤上。

因為，他們知道，牛市不是一日建成的。與其花時間在盤上，倒不如更專注在有利於投資的資料研究上。

而且，盯盤愈久的人，其實愈容易影響判斷適合時機的能力。究竟該買，還是該賣？

大部份人都知道「你必須很努力，才能看起來毫不費力」，但努力也要花在正確的方向和領域上，以及進行多重實戰。

他們懂得買在適當的時機，耐心等待才是穩。

2018年上半年左右，BTC幣價大概在3000至6000美元的徘徊了一段不短的時間，身邊玩幣的人更是幾個人也沒有。

Tony是老手，一如以往氣定神閒的樣子。我問Tony：「BTC真的有前景嗎？」

當時他回答：「其實是在乎你信還是不信。」

到了2020年底，BTC價格已經到2XXXX美元，逼近30000美元時，我問Lewis：「你們手上還有BTC嗎？」

他回答：「我們在大升時已經賣光了。」

但這時候，網上不熟悉幣市的人，才開始喧嘩，才開始注意比特幣及幣圈，問比特幣究竟是甚麼東西？

只能說，Tony和Lewis有一半也是HODL的信仰者，（HODL是幣圈術語，即指對加密貨幣信仰充足，不理會市場短期升跌，長期持有某種貨幣而不賣出或使用。）

不論在任何投資市場，如果你想穩操勝券，只能買在低點，這是連大嬸也知道的事實，但實際能操作的人沒有多少個。

真正厲害的投資者並不是口裡喊著：「我每分鐘幾十萬上落」的人。他們像獵人一樣，懂得在低點便密密收集貨源，氣定神閒，等待一年、兩年，等待大牛市那一天的來臨，才是致富的關鍵。

看過一篇文章，內容主要說社會上的人分為五類：赤貧的人、窮人、中產階級、有錢佬和億萬富豪，每一種類型的人都有各自不同的金錢觀，很窮的人是以「天」為單位內思考金錢；「窮人」是以星期；「中產階級」就以月；有錢人是用「年」；「最有錢的人」是用10年為單位。

個人認為，即使不以10年為單位的投資思維，但至少也以月為單位吧？眼見不少群組谷友每分每秒盯實盤，其實這非常影響個人的判斷能力，甚至錯過了升浪。

17. 賺粒糖，Miss了個大浪

「遠離市場」並不是虛幣貨幣市場大戶獨有，更是眾多資深的大戶投資者的穩賺秘笈。散戶總是贏不了大錢，那是因為太貼緊市場。

筆者曾經為賺了50點的ETH而沾沾自喜，卻沒有想到ETH後來升了500點。（當然，乃因當時初出茅廬的筆者實在太驚嚇了。）不過，汲取教訓後，下次也懂得保持耐性，希望藉此改掉投資只賺粒糖的厄運。

曾經閱讀過專欄作家畢老林的文章《與股票機保持一定距離》，當中的投資黃金定律可謂跟前老闆殊途同歸，那就是遠離市場。

作者提到，2020年1月尾到2月中之間，美股Tesla大概升了20個交易日。但他也相信，不少投資者僅僅賺一波小盈利，而不是整個浪潮。他寫道：「有盤，又天天吼實股價的人，非常可能，只要股價靠近波動區域頂部，就平盤走人。就算有眼光，等到股價突破，一個月內升一倍，必然出乎多數人意料之外，時時吼實，更難抗拒中途落車的誘惑。」

散戶為何做不了大戶？除了資金少的問題外，最大的障礙是由於太貼近市場，影響了自己的情緒，總是讓賺大

錢的機會流失。經常投資的你，多久看一次市場？

畢老林繼續在文中批評散戶賺得少的源由，「把握大浪，遠比賺粒糖就走人，然後又去找尋下一個好idea，經常出出入入的做法，划算得多。然而，沉迷短炒的人非常多，罪魁禍首多半因為太過留意市況的習慣。真正重要事情，不會每天都發生。經常留意股價，自然順帶留意無時無刻不在更新的市場消息，消息多，誘惑自然多，買賣動作頻繁，好盤守不住，做一個好trade，夾住三個爛trade，做多錯多，乃太貼市常有的問題。好似近日，市場極度反覆時，太貼市的做法，就更加麻煩。」

筆者有時看到谷友玩輪證或牛熊證，為了蠅頭小利而盯著盤不放，便心裡想：自己以前也玩過牛熊等衍生工具，即使有賺，但最後也倒輸給發行商。

有一次財經飯局，一位曾從事衍生工具發行商的人跟我說：「他們真的有程式，可以看到散戶偏重牛還是熊，想辦法吃掉他們就是。」

而玩期權的朋友占士跟我說過：「頻密的交易，勝算一定低。你的持倉量一定不大，好像打麻雀食雞糊一樣，賺的不多。」那刻，筆者深有同感。

散戶該如何摒棄散戶的思維和動作？難道只是遠離投資市場便可以獲利？不是的。就如同我炒幣前老闆一樣，大戶的思維更著重記錄及做研究。

畢老林的文章《與股票機保持一定距離》在文中提到：「朋友有日憶述多年前加入一間日資證券大行，老闆

頭一天就對班新人訓話，其中一句一直記住。當時這位部長講『想搵大錢，就唔好成日望實部股票機』。」

我看完這段也笑了，常常口裡説：「我每分鐘XX萬上落。」的人，這些人未必真的可以賺大錢。

投機天王Jesse Livermore曾經説：「就如同做生意一樣，我不會讓小變化分散注意力，擾亂方向。我喜歡在一個能夠靜靜思考的地方。市場動態，我一直有記錄，真正重要的變化，不會一日就結束。遠離市場，反而能夠有足夠時間，讓我辨別出那些變化才真正關鍵。當我察覺到股價明顯偏離我記錄中已經持續一段時間的走勢，我就知道有料到，需要立刻採取行動。」

股神巴菲特也有句名言：「Buy, hold and don't watch too closely.」他選擇遠離嘈音滿佈的華爾街，搬離較遠的地方投資，大概也是這個原因。

最後，讀者可能疑惑，整篇文章怎麼都感覺老生常談一般？好像欠缺了投資的靈魂一樣？對，我想説的是膽色、具冒險的精神。

18. BTC會上10萬美元嗎？

在上一個牛市(2020~2021年)時，不少人高呼BTC會見10萬美元，可惜最後升到69,000元時戛然而止，那麼，在這個牛市，BTC會再見10萬美元呢？

答案是很大機會見的。

首先，我舉2個原因：

1. BTC的高位是一個牛市比一個牛市高

2010年5月22日，一位名叫Laszlo Hanyecz的美國電腦工程師，花了當時價值僅41美元的10,000枚比特幣，和19歲的少年Jeremy Sturdivant購買兩片Pizza。

第一個牛市的頂點：在2017年12月，BTC最高到達19XXX元。

第二個牛市的頂點：在2021年11月，BTC最高到達69,000元。

所以第三個牛市的頂點，必然會比上一次牛市高的。

2. 2024年正式踏入九運離火運

之前所說的「牛市」，也只是九運離火運入氣，還沒有完全進入九運離火運。

現在我用上一個運土運艮運作比喻好了。

2003(進入土運前)香港的房子一下子暴跌，最誇張的是有地段好的只要50萬港元(當然只是個別例子)，但大部份屋苑都有下跌就是，當時便宜的房子可説是周街也是，地段不錯的房子也可能是200萬元左右。

不過，在2004年進入20年土運(有利房地產)之後，樓價突飛猛漲。

50萬的房子變了500萬了。

當然，50萬只是極端的case。

所以你認為2024年後的火運(有利科技的東西)，BTC會怎樣走呢？

19. 買BTC？ETH？都不是

　　有讀者問我，要買BTC，還是ETH？我的答案當然是：都不是。

　　不過，始終這2隻是龍頭幣，也算是最安全的，最少不會發生甚麼rug pull(捲款而逃的事件)吧。

　　不過如果讓我選，我未必選它們。但你可以買它們作為20%的組合幣。始終如果小幣有事，還有大幣作保障。

　　但BTC和ETH的升值空間太低了。我會選以下的公鏈幣，所謂公鏈幣，幣圈新手可以想像為，一個App Store，其他App要在App Store上架，因此公鏈幣有可以想像的空間。

　　以下幣種均是公鏈幣的代表，大家可以參考：

　　SOL：2020~2021年的百倍幣。被譽為「以太坊殺手」，SOL幣是區塊鏈Solana的原生代幣，也是當前最受歡迎的加密貨幣之一，SOL在Solana區塊鏈上用於治理、付款、支付傳輸費用等，也可以透過質押SOL加密代幣運行節點來驗證交易，並保證Solana的鏈上安全。

　　MATIC：2022年DeFi領域最火紅的項目，當屬Polygon與MATIC幣，MATIC幣是Polygon上用來支付服務和結算用的代幣，就像以太坊(Ethereum)鏈上的以太幣(ETH)一樣。

　　DOT：DOT是由多條鏈組合而成的公鏈，以多條鏈的方

式解決單條鏈無法達成的擴展度和速度，而且DOT中的各條鏈之間可以實現自我管理，並且互相合作和升級，保有各條鏈的自主和多元，讓整個DOT生態系更加強大。

　　一般的區塊鏈只有一條大主鏈，且與別的鏈跨鏈傳送或註冊上不是那麼方便，但DOT生態鏈的目標是成為跨鏈的網路協議，讓跨鏈代幣的轉移和計算都更加容易。

　　ADA：在加密貨幣的市值排行榜中，ADA長期佔據前10名的行列，且是市值增長最快的加密貨幣之一，ADA成立於2015年，創始人Charles Hoskinson就是以太坊（Ethereum）聯合創辦人之一。

　　BNB：幣安幣(BNB)來自Binance幣安交易所，源自其中的幣安鏈(Binance Chain)及幣安智能鏈(Binance Smart Chain)的原生代幣。

　　幣安幣的主要目的是在幣安生態系統中成為實用的代幣，且具有廣泛的用途，除了可以在幣安交易所上支付手續費、上幣費和其他費之外，還可在特約商店用幣安幣來支付商品與服務費用。

20. 下隻百倍幣在哪裡？

大家必定很想知道，下隻百倍幣在哪裡？我的答案是：可能還沒有面世呢！

這個答案很可能被人揍，說：「你是不是在說廢話？」

但其實，當初百倍幣SOL也只是在牛市中旬，才在交易所上線(上市)，到牛市尾段，才發力向上升，成為百倍幣。

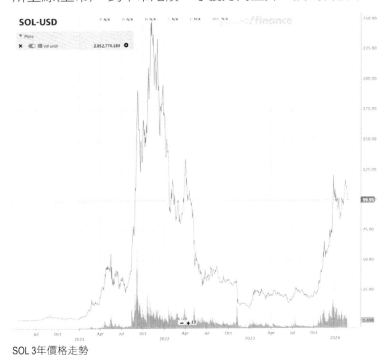

SOL 3年價格走勢

在網上看到一篇文章，特別符合我的想法，所以借來用一下。

下文來自推特，作者是加密KOL，原推文內容由MarsBit整理，我也作出修正如下。

「關於囤幣的一些看法：

比特幣減半3次了，歷經12年了，幣圈也帶來了3次牛市，3個牛熊週期了，根據過去3個牛熊週期的資料，可以總結一些規律，推測未來。

我總結一些幣的漲幅資料，總結一個規律和大家分享一下吧：

幣圈的幣，每經歷一個牛市，從熊到牛的升值幅度將減少一個數量級。

簡單來説，一個新幣，第一個牛市是千倍幣，第二個牛市是百倍幣，第三個牛市是十倍幣，第四個牛市是幾倍幣，第五個牛市及以後是1倍幣；

這指的是價值幣，meme幣、狗狗幣那些個例不符合這個規律。

以比特幣、ETH這兩個市值最大的幣的資料為例。

1. 比特幣BTC

第一次牛市：從2010年的1萬個比特幣買2個披薩，到2013年牛市最高價是8000元，比特幣漲了千倍，可以説是千倍幣。

第二次牛市：2015年熊市的最低價是1000元，2017年牛

市最高價是1.9萬元，漲了19倍，是個19倍幣。

第三次牛市：2019年熊市的最低價是3000美元，2021年牛市的最高價是69000美元，也就是23倍，可以看作是十倍幣；

以此類推，第四次牛市：2023年熊市～2025年的牛市，漲幅是幾倍；

第五次牛市及以後：2027年熊市～2029年牛市，漲幅是小於1倍。

2. ETH

第一次牛市：2014年的ICO價格是0.31元，2017年牛市的最高價是1440元，漲幅是近4600倍，是個千倍幣；

第二次牛市：2019年熊市的最低價是80美元，2021年牛市的最高價是4400美元，漲幅是55倍。

以此類推：

第三次牛市：2023年熊市～2025年的牛市，是個十倍幣

2021年的新幣裡，也出現了幾個千倍幣：

1. SOL：2018年種子輪價格是0.04美元，牛市最高價是215美元，漲幅是5000多倍；

2. MATIC：2019年最低價是0.003美元，牛市最高價是2.7美元，漲幅是900倍；

以此類推，下個牛市，他們最多是個百倍幣；

幣的漲幅是這個規律，在即將到來的2023年熊市裡，那

麼我們可以據此來輔助抄底投資。

1. 投千倍幣：幾萬元的資金額度冒冒險，那麼這個幣一定要是個新幣，誕生於2022年的牛轉熊的時刻，從沒大漲過，看眼光和順勢而為了，只有這種類型的幣才可能升值千倍。

2. 投百倍幣：幾十萬的投資額度，那你可以在21年這個牛市的千倍幣裡找，或者在21年發的新幣中的價值幣主流幣裡找（比如：囤UNI、rullops、dydx等），熊市將會跌幅超過80%，只有這種類型的幣才可能升值百倍。

3. 投中十倍幣：幾百萬的投資額度，囤ETH就行了。

4. 投中幾倍幣：幾千萬以上的投資額度，囤比特幣就可以了。

我們根據自己的資金體量，再結合個人的目標，確立投資風格，隨時可更換投資理念。

如果你想逆襲，買比特幣是肯定無法做到的。你可以把80%的資金買百倍幣，20%的資金買千倍幣，才有可能實現夢想。

如果你已經享有財務自由，大資金買百倍幣、十倍幣也足夠了，也可以拿點小錢買千倍幣碰碰運氣。

至於比特幣嘛，那是給資金量至少1億美金的人玩的，你如果沒有那麼多錢，不用關心比特幣了，沒你機會了。

像巴菲特擁有幾千億美金的投資體量，不是我們小散戶能理解的，貧窮限制了想像力，如果要他投資比特幣，要等到比特幣的第五次牛市以後了，也就是說2030年以後

了，以他現在的年齡，估計沒戲了。

以下個牛市為時間節點，熊市裡該囤哪些幣呢？

囤比特幣，也就幾倍漲幅；

囤ETH，是個十倍幣；

囤各種Defi，可能是百倍幣，還有100倍的升值空間；

至於千倍幣嘛，大家在2022年-2023的新幣裡找吧！」

21. 10倍潛力幣

相信大家都知道2024年是AI年，凡與AI沾上邊，又有不錯發展的幣，都具有很大潛力。這是其中一個看潛力幣的條件。

（風險聲明：由於炒幣屬高風險活動，格價可以歸0，投資者需要在風險可承受的情況下投資。）

而且，我也重點聲明，幣市牛市只是維持在2024~2025年。

他們分別是：

1. Delysium代幣AGI

2. INJ

3. NEAR

1. Delysium代幣AGI

Delysium代幣AGI在AI板塊中位居前列。

Delysium致力於運用AI面向Web3，打造以使用者意圖為中心的AI Agent Network，在韓國等市場獲得了較高關注度。

該框架在Agent之間打造更高效的高速通訊和相互協作機制，能夠精準捕捉使用者意圖，並透過自動化工作流程高效完成。

在這個框架下，Delysium推出了名為Lucy的AI Agent，近期將發布重大更新。作為AI驅動的Web3操作系統，Lucy能夠在理解自然語言所包含的意圖和目標的基礎上，智慧規劃出能夠解決使用者需求的工作流程，並自動執行，簡化了目前Web3應用和協議的複雜操作流程。

基於模組化的技術架構，Lucy能透過組織不同Web3產品靈活配合，精確地規劃出有效工作流程，以實現一系列鏈上目標，包括但不限於資產查詢、轉帳、質押、Swap、跨鍊等作業的複雜組合。目前，Lucy已經支援BNB Chain和Ethereum，擁有超過140萬個獨立錢包位址。

2. INJ

一般而言，隻隻幣都話自己有甚麼技術、跨越甚麼鏈、解決甚麼方案、甚麼平台等等

不過，這隻一來是幣安網內的幣，二來有不少大投資者支持。

Injective Protocol早於2018年進行種子輪募資，至2023年以來，包含Binance Launchpad已進行6次募資，最新一次的募資於2023年1月結束，募得1.5億美元。Injective的募資不乏許多強力投資人加入，包括Jump Crypto、Delphi Digital、Hashed、Pantera Capital、Mark Cuban等投資機構及天使投資人參與。

大家可能著眼於BTC或者ETH，但其實，2、3線幣才是戲肉。

Injective在過去的一年裡顯著增長並獲得了廣泛的認

可，INJ價格增長了 2,700%以上。

Injective是專為金融行業設計的區塊鏈，它是一個開放、可互操作的第一層區塊鏈，旨在為下一代去中心化金融(DeFi)應用提供動力，例如去中心化現貨和衍生品交易所、預測市場和借貸協議。

Injective旨在提供DeFi應用程式可以使用的金融基礎設施原語，例如抵抗MEV（礦工可提取價值）的完全去中心化的鏈上訂單簿。此外，所有類型的金融市場，如現貨、永續、期貨和期權，都完全上鏈。去中心化跨鏈橋接基礎設施與以太坊、支持 IBC 的區塊鏈以及Solana等非 EVM 鏈兼容。

3. NEAR

NEAR是幣圈近年最有名的跨鏈公鏈，致力於成為對用戶以及開發者最為友好的智能合約平台，擅長從用戶以及開發者的角度看待問題，也因其分片技術，在爭奇鬥艷的公鏈中佔據了一席之位。

根據數據統計網站defillama，於2023年9月的統計，Near近期回流用戶激增60萬，而交易量更是暴漲至120萬筆。主要推動力則來自於kaikai這一DAPP（Decentralized Application，建構於區塊鏈上的應用程式，也被稱之為分散式應用；DApp建構於區塊鏈網路，DApp與區塊鏈之間的關係，就像App建構在iOS和Android系統，DApp讓區塊鏈展開各種應用價值，可說是開啟了區塊鏈時代）。

作為是Cosmose AI的旗艦產品（Cosmose則是Near自己孵化的超級生態生），kaikai融合了美食、購物、零售等鏈接傳統生活的功能。簡而言之，可以理解為web3的大眾點評。

22. 別玩合約或者option！

2022年和2023年，我逃過了幣市熊市、FTX交易所倒閉…

但我卻沒能逃過合約的虧損。

所以說，真的別玩合約了。因為不論你買升或者跌，大戶都有辦法割你一頸血。

每次看到新聞說：多少人又遭到爆倉(Total Loss)，便會心裡想，世界的賭徒還真多。

投資，不是賭博，不論合約或者Option，都要遠離，珍惜生命！

究竟KUCOIN交易所如何加速我爆倉？

首先，因為我是香港人，而幣安交易所已經禁止向香港提供合約交易，所以我只能選擇其他交易所。看到KU-COIN交易所看似不錯。

簡單而言，KUCOIN交易所在你看對方向時，自動大大減少你的桿杆，然後在你看錯方向時，又自動大大增加你的桿杆，使你加速爆倉。

例如我買空ETH，桿槓4倍。當ETH向下，即我看對方向，它會自動減速至2倍。

這時我當然沒有賺到甚麼啦。

但如果我買空ETH，桿槓4倍。例如我在11XX元買空。

爆倉價在大約15XX元。

當市場向上升時，代表我看錯方向。

合約桿杆居然由4倍，突然被加速到11倍！

天呀！這不是騙人？這不是明坑人嗎？

如果不是我止損，我肯定要爆倉。

即使我沒有爆倉，但本來只是4倍，理應不用虧蝕這麼多，最後變了幾乎要total loss。

這真的是一個騙人的東西。

因為合約的機制，真的有方法使你輸錢。

不論你看對，或者看錯，你都是輸家。

（編按：KuCoin是一家加密貨幣交易所，任務為「促進全球數位價值自由流通」。該交易所宣稱強調直覺的設計、簡單的註冊流程，以及高安全性。該平台支援期貨交易、內建P2P交易所，可透過信用卡或簽帳金融卡購入代幣，以及即時交易服務。

該平台也稱為「大眾的交易所」，累計交易額達1.2兆美元，全球用戶達2,000萬人。該公司自稱要提供技術導向的產品，並以KuCoin幣為中心，打造包括KuCoin社群在內的KuCoin生態系。

KuCoin由Michael Gan、Eric Don、Top Lan、Kent Li、John Lee、Jack Zhu與Linda Lin等人共同創辦。2013年，Michael Gan和Eric Don在一家咖啡店裡開始撰寫KuCoin的程式碼。

2020年之前由Gan擔任執行長，之後由Johnny Lyu接任為

執行長。

Michael Gan畢業於成都大學電腦軟體工程學系，曾在MikeCRM、Youlin、Missyi Inc.等公司擔任開發人員。他與各種微服務合作，累積DevOP與敏捷開發經驗。Gan同時也是螞蟻金服的技術專家，曾開發金融服務，也在kf5.com擔任資深合作伙伴。

Eric Don自中國電子科技大學畢業，擁有網路工程相關學士學位。在創辦KuCoin前，Eric曾在IT產業如YOULIN.COM、KITE-ME、REINIOT等多家公司擔任資深IT合作伙伴。

該交易所於2017年8月正式上線推出。

該公司為跨國公司，總部位於東非塞席爾，於香港、新加坡設有辦公室，全球2,000萬名用戶來自200個以上國家。

該平台對土耳其、印度、日本、加拿大、英國、新加坡等多國用戶提供服務。該平台未在美國註冊營運，不過交易者與加密貨幣投資人仍可在該平台註冊帳號。

該平台上擁有多種交易對，提供近700種加密貨幣供購買、販賣、交易；最主要的加密貨幣包括比特幣、以太幣、USDT、BNB、ADA、瑞波幣、USDC、DOGE、DOT、UNI等。

該平台的手續費係透過等級系統計算，其中各種代幣和用戶均分為不同等級，依據用戶在30日內現貨交易日一手土與KCS最小持有量決定。該系統採用掛單/吃單模式，以第0級用戶來說，A級代幣的掛單吃單費自0.10%起計，C

級代幣則為0.30%起計。用戶等級自第0級到第12級。如果用戶透過KCS代幣支付費用，可獲20%折扣。

　　對期貨交易而言，等級0用戶的掛單費為0.02%，等級12用戶為-0.015%。吃單費則由0.06%到0.03%。所有用戶入金皆為免費，出金費用則視加密資產而定。用戶可以使用保證金交易、期貨或槓桿代幣，即可使用槓桿功能。KuCoin期貨的最大槓桿為100倍，但用戶須先通過KYC驗證。在隔離保證金模式下，槓桿最高為10倍，且依交易對而定。

　　據報導，全球大型的加密貨幣交易所之一的KuCoin已同意退出紐約市場，並且並支付2,200萬美元來解決紐約州提起的訴訟，這是該州推動控制數位資產公司的一部分。

　　另外，多名Kucoin加密交易所用戶在社交媒體Reddit平臺上曝光稱，他們無法提取資金，甚至出現賬戶鎖定4個月的罕見情況。針對排山倒海的質疑聲浪，Kucoin強調正單獨與用戶溝通以解決其問題。

　　Reddit用戶在平臺上的KuCoin子版塊中發佈聲明，CoinTelegraph引述一位Reddit用戶帖文指出，他們的資金已被鎖定4個月了。該用戶聲稱，他們已經提供KuCoin要求的所有信息，但仍未收到交易所的任何行動。）

23. 從JPEX和FTX事件看如何正確地「炒幣」

　　在這2年(2022年和2023年)熊市期間，發生了FTX和JPEX都捲款而逃的事件。

　　受害人們損失高達數千萬港元。如果看我的書，也知道我以前炒cryptos的。但為何可以大部份時間在這2年獨善其身。(我只能說大部份，因為我的確有輸過LUNA，以及有一段短時間去玩合約，但已經完全戒掉了。)

　　因為2021年底，我就已經說2022和2023年都是熊市，而熊市是最惱人的。

　　2018年，我在過億炒幣大戶身邊工作。

　　2018年，BTC大部份時間都是在3000~6000元。差不多有一整年時間。所以我知，熊市會很辛苦的。(而當時，也常常有一些外國的小型交易所倒閉，所以大概知熊市不碰好過碰。)

　　但經過這些年經歷，我應該可以分享一點心得：

1. 分散投資
　　我有些幣圈朋友會放在冷錢包。不過，我還是會放在多個地方。

　　也可以放不同的交易所。

不過同樣危險，因為幣安也可以凍結你帳號。

但總之分散不同交易所或者錢包好一點，

這樣看，玩美股安全多了。

2. Cryptos在牛市時才玩

因為牛市沒有這麼多「麻煩」、「突如其來」的事情。

雖然牛市也會發生Rug Pulls（莊家捲款而逃）的事件，但至少不會經常發生交易所倒閉、主流幣歸0（如LUNA）這些事件。

（編按：2022年5月，熱門的算法穩定幣LUNA、UST雙雙歸零，造成加密貨幣市場重傷，也直接或間接導致多家加密貨幣風投、平台破產。

LUNA、UST都出自Terra區塊鏈生態系，是一種沒有真實美元儲備，但是能透過複雜的算法機制，讓UST與美元價格掛鉤的算法穩定幣。當UST價格低於美元價格時，系統會激勵用戶銷毀1　UST來換取價值1美元的LUNA。然後，用戶可出售LUNA以賺取差價。透過市場套利機制，讓UST重新回鉤美元。

Terra生態系中還有一個去中心化利率協議Anchor Protocol，用戶只要將UST存入，就可以拿到20%左右的活存年利息的收益。這種活存，對於很多不擅長頻繁交易加密貨幣的人來說，是一個不錯的被動收入。在牛市期間，LUNA一度飆漲超過100美元，成為全球市值前十大加密貨幣之一。

2022年5月，當Terra團隊因為要準備新的流動性池，把1.5億美元UST從一個流動性池撤走的時候，一個匿名巨戶突然拋售大量UST，而團隊為了維護流動性，又把原有流動性池、Anchor中的UST撤走。

該消息快速引起市場恐慌，全球最大交易所幣安頓時湧入大量UST、LUNA的沽盤，逼得Terra基金會LFG出售儲備用的大量比特幣，但還是無法挽救幣價。最後，兩個代幣都歸零。）

3. 不要貪圖高息的staking

記得2022年初，有人跟我說某交易所staking ETH有10%利

我只說：「但ETH價會跌，你自己諗。」

現在回想，太高息的staking都是不要碰好一點！

（編按：Staking加密貨幣質押，是將投資者的虛幣鎖定到區塊鏈網路，以賺取獎勵（通常是質押代幣的一定比例）的做法。質押加密貨幣也是代幣持有者獲得參與權益證明區塊鏈的權利的方式。

假設區塊鏈網路為一個月的質押期提供5%的獎勵。投資者決定在網路中鎖定並質押100個代幣。一個月後就可以使用其質押的代幣，並收到5個代幣作為獎勵。

加密貨幣質押通常分為兩類：主動和被動。

主動加密貨幣質押意味著將代幣鎖定到網絡，以積極參與網絡。活躍的參與者可以驗證交易並創建新的區塊來

賺取代幣獎勵。

被動加密貨幣抵押涉及簡單地將代幣鎖定到區塊鏈網絡，以幫助確保其安全和高效運行。被動質押加密貨幣並不耗時，但通常比主動參與產生的代幣獎勵要低。

許多專門類型的加密貨幣質押已經存在，包括：

委託質押。這種形式的質押使加密貨幣質押者能夠將其質押權力委託給其他人運營的驗證器節點。獲得的獎勵由驗證者和委託者分享。

礦池質押。一群代幣持有者可以結合他們的資源來更有效地競爭質押獎勵。獲得的任何獎勵將在池中成員之間按比例分享。

交易所質押。一些加密貨幣交易所提供質押服務，使用戶能夠直接在交易所質押其持有的資產。交易所處理區塊鏈網路上的質押過程，並向參與者分配質押獎勵。

流動質押。用戶透過抵押其加密貨幣來換取代表性代幣。代表性代幣可以進行交易或使用，為加密貨幣抵押者提供流動性。

加密貨幣質押可以是託管的或非託管的。託管質押要求加密貨幣持有者將其代幣轉移到質押平台，而非託管質押則允許投資者將質押的代幣保存在自己的數位錢包中。）

4．牛市也有幣跌？最好分散5~10隻幣

記得在2020年12月，天天都是幣升的日子，但我竟然買

了一隻天天跌的幣，是當時正在打官司的XRP，想想還真的覺得自己沒有運。

分散風險必定沒有錯，all in一隻幣那刻已經代表你輸了。

24. 2024年：港牛市重臨

由於推測2024年由科技股帶動的牛市年，牛市理應大部份股都會升。

2024年開始，是正式展開了20年的離火大運，因此，理應科技股及關於電的股份表現最為突出，其次為地產股，再退而為之的是金融股份。

港股在這2022年和2023年的熊市氛圍下，大家已經不再相信牛市會在港股出現了。

美股升，港股跌。

美股跌，港股又跌。

不過，看返圖表，其實在2020年九運入氣的時候，除了美股和幣市都有一個大型牛市之外，其實港股也有牛市的。

所以，我相信2024年的時候，港股牛市會重臨。

我會分2部份推介潛力股：

為甚麼會挑選以下科技股呢？

1. 大家可以參考前文「3元九運表：為何2024年是大牛市？」

2. 基本上，如果真牛市來了，市場應該是禾雀亂舞的。

科技／科網股：

　　嗶哩嗶哩W 9626

　　美團3690

　　快手1024

　　網易9999

　　騰訊00700

電動車股：

　　蔚來9866

　　小鵬汽車9868

　　理想汽車2015

　　比亞迪1211

手機股：

　　小米1810

　　以下是2020年恒指指數升幅排行榜，亦可參考。

排名	股票（編號）	升幅
1	藥明生物（02269）	193%
2	小米（01810）	188%
3	美團（03690）	155%
4	創科實業（00669）	72%
5	安踏體育（02020）	71%
6	港交所（00388）	64%
7	吉利汽車（00175）	61%
8	蒙牛（02319）	61%
9	騰訊（00700）	39%
10	申洲國際（02313）	29%

資料來源：《經濟一週》

25. 美團(3690)上看400元？

　　我並不是只看好這一隻股，相信不少出名港股將會重上高位。

　　坦白說，這數年以來，港股真的令不少港人散戶心碎。似乎沒有人會再相信港股牛市重臨。

　　回顧返歷史，2020年的港股也是牛市年，當時美團升至2021年2月的高位460元。

　　2020年的牛市，也只是九運入氣而已。

　　但2024年的牛市，是九運離火運正式入運。所以，相信港股屆時會重上高位。

　　為何會推薦美團(3690)、快手(1024)、網易(9999)，也不推薦騰訊(700)呢？

　　無他，因為新的時代最好炒一些新興的科網股，而不是再過氣的老牌科技股。

　　往往新興的科網股，才會令人有憧憬，應該會有不錯的表現。

　　美團（3690）是以提供生活服務為主的中國電子商務公司，其自我定位為「科技零售公司」，與大眾點評網合併後曾稱美團點評，2020年9月起復稱美團。美團由經營中國內地團購網站美團網起家，旗下擁有美團網、美團外賣、

美團閃購、美團優選、大眾點評網、美團單車（原摩拜單車）等網際網路平台，業務涉及衣食住行各領域，包括餐飲、外賣、家政、商品配送、出行、住宿、旅遊等服務。

美團2018年在香港交易所上市，2020年12月7日成為恒生指數成份股。截至2022年2月26日，美團的市值為5059.46億港元。

快手科技（1024）是主要運營內容社區和社交平台的中國投資控股公司。該公司主要提供直播服務、線上營銷服務及其他服務。其中線上營銷解決方案包括廣告服務、快手粉條及其他營銷服務。

快手作為內容社區及社交平臺，其目標是成為全球最痴迷於為客戶創造價值的公司。在快手任何用戶都可以通過短視頻和直播來記錄和分享他們的生活，透過與內容創作者和企業緊密合作，快手提供的產品和服務可滿足用戶的各種需求，包括娛樂、線上營銷服務、電商、網絡游戲、在線知識共享等。截至2022年2月26日，快手的市值為1657.79億港元。

網易(9999)是中國大陸大型網際網路科技公司，提供網路遊戲、入口網站、移動新聞用戶端、移動財經用戶端、電子郵件、電子商務、搜尋引擎、部落格、相簿、社交平台、網際網路教育等服務。截至2022年2月26日，網易公司的市值為5391.8億港元。

26. 2023年熊市最強港股之一

過去數年，港股大市的表現真的令不少散戶痛心疾首。不過，也不代表大市中沒有表現好的港股。就以小米 (1810)為例，以2023年1月1日最低價10元為例，到11月最高為16.9元，升幅差不多有70%，絕對跑贏恒指。

當然，最好等一次股災才買入小米。預期環球市場在3月之後，便會漸漸向好。

大家說起小米，大家一定以為它是製造手機的。看來創辦人雷軍野心不小，不止要做中國的蘋果，還想做中國的Elon Musk。

中國智慧型手機製造商小米 （1810HK）的首款電動車在11月中亮相，是一款五座轎車。根據中國工信部公布的資訊，這款期待已久的電動汽車將命名為「北京小米SU7」，由國有的北汽集團（BAIC Group）生產。

小米於2021年初宣佈投資100億人民幣去投入電動汽車市場。事隔三年，小米於年初發表首個電動車系列SU7，並且預計會在2月中後旬開始投產，於3月達到月產量3,000部的水平。

小米SU7被定位為Tesla Model S的直接競爭者，提供 800V 快充電力系統，0至100 公里加速少於 3 秒。小米SU7目前有

後驅和全時四驅兩款配置，頂級版本將配備寧德時代供應的101kWh高鎳電池，預計售價在50萬人民幣（約55.08萬港元）以下。

作為中國最大的消費電子品牌之一，小米加入了華為等科技公司的行列，進軍電動車領域。產品的新技術越來越多，如語音控制和輔助駕駛軟體等功能，越能受到駕駛的青睞。

除了公司產品配合九運的核心，還有以下原因，看好2024年小米的表現：

1. 上次2020年牛市表現最好港股三甲之一

2. CEO雷軍在2024年將走財運

不過，小米仍然有其缺點：

1. 紅海競爭：由於市場上已經有多家電動車公司，如比亞迪、蔚來、理想汽車等等，在市場上已經佔有一定的位置，小米現在才加入市場，形勢上已經大蝕章。

2. 小米的升勢很可能只有2024年一年多些。

截至2022年2月26日，小米集團的市值為3284.89億港元。

27. 2024年你買豪宅都得啦

相信樓價跌的新聞日日如是。

早前又見到一則樓價跌的新聞，說青衣某屋苑又見350萬元2房賣出。

「二手樓價持續尋底，青衣私人屋苑成交價竟跌穿『4球』，區內地產代理都感嘩然。美聯葉偉林表示，該單位為青怡花園4座低層F室，實用面積約343方呎，兩房間隔，曾叫價480萬港元，屬銀行估價水平，最終累減130萬元，僅以350萬元售出，屬7年前價位，呎價約10,204元，較銀行估價低約27%。原業主持貨約9年，帳面仍賺約55萬元。」

原文：回到7年前！青衣私樓驚現「3字頭」成交　低估價27%｜on.cc東（2023年10月3日）

為甚麼我説等2024年才買樓呢？

我在很早前説過，2024年是一個大牛市。尤其是美股。吸引的科技股10倍8倍不是夢。

大牛市可遇不可求。所以等埋這轉先。

另外，仲有第二個原因的。

乃因為，相信2024年FED便會減息。因為利息加減有一個週期了。美國已經不斷加息已經差不多2年了。

高息的環境不可能一直持續下去，否則便會危害了國家的經濟。除非美國想自取滅亡，相信今年便有一個減息開始的行動。

美國減息的話，香港也一定會跟隨。

2024年才買樓的話，科技股賺一筆，到時息口又再減一筆。

（編按：2024年2月28日，香港財政司陳茂波公布財政預算案，全面撤消三項辣招，即日起買樓，毋須再繳交額外印花稅，買家印花稅及新住宅印花稅。

另外，金管局同時暫停上調2厘的壓力測試，以及進一步修訂逆周期監管措施。住宅方面，3000萬元或以下的自住物業按揭成數上調7成，3500萬元或以上的自住物業按揭成數則上調至6成，而非自用物業的按揭成數則由5成升至6成等。

市場估計，全面撤辣有助樓市場回復正常流通量，刺激交投，首季有望增加7成，樓價上半年或升5%。 ）

附錄 占星預測 黃康禧：2024年占星看投資

2024 美東春（夏令）

　　2024年3月19日春分盤中，美國一宮火星飛入四宮以及冥王飛入三宮，代表在春季會主要圍繞著資訊、教育及房地產發展問題。三宮冥王與九宮月亮相沖，暗示著美國的貿易、資訊或教育的問題受到外來的影響，例如，出現大量負面消息、貿易關稅問題、本土資訊外洩、孔子學院重辦可能性或校園問題等。二宮木星飛入七宮與四宮金星及土星相合，意味著國內經濟大部分來自其他國家對本土進行房地產投資或開設廠房。

　　四宮的金星與土星相會同時與木星相合，代表著美國

的房地產有良好性上漲，但這個上漲會相對比較緩慢，比較適宜作長線投資。

　　至於虛擬貨幣，天王星落入金牛七宮與天頂星相刑，意味著整個春季（3月19日至6月20日期間），虛擬貨幣要上到最高價位是比較難，即是炒賣性比較不高，不會像疾情時出現最高峰或更高價，如果是早年持有可以不用太擔心，反正不會最低價，但如果是新手或已放手想再進場的人，將會面對雞肋情況，食之無味，棄之可惜。

　　2024年6月20日夏至盤中，美國一宮火星飛入九宮及冥王星依舊留守三宮，並產生相沖，代表在夏季會圍繞著外交事務及宗教問題。三宮的冥王受到火星的衝擊，以及九宮火星受到冥王相沖，不排除會出現校園槍擊案、空難、交通事故、國際外交出現破裂、邪教組織或宗教的武裝衝突或恐襲等，因為三宮及九宮的問題，以及7月份是暑假，加上法國主辦奧運會，而令整體美股或及本土經濟消費指數出現不良好表現。

　　七宮金牛中的天王與冥王及海王產生三合及六合情況，暗示著夏季雖然股或經濟未有良好表現，但在虛擬貨幣會出現外地炒家追買，或者出現春季後的「涅槃重生」；在夏季中，尤其以科技股或醫藥股，有機會在整體美股中有不錯的成績。

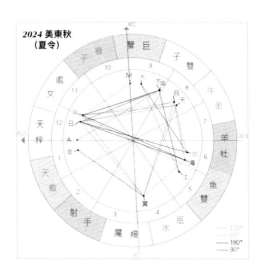

在2024年9月22日秋分盤中，美國一宮的金星飛回一宮入垣為旺位，暗示著在本土經濟上取得共識、平衡，即是政府有可能推出某些項目去救市或刺激經濟，奈何金星與四宮的冥王相刑，意味著不論如何拯救也好，還是被房地產問題而影響成效，會令某些州份的廠房遷移情況更加嚴重，或者也是政府想平衡全國經濟的方法。

在投資市場上，五宮出現土星，分別與火星相合、木星相刑於九宮，這代表有可能性是，在某些項目或政策中雖然看起來是可以刺激市場，令三大指數上升，但同時一下子的刺激會造成負面性的膨脹，令市場出現「爆煲」可能，而受影響的會是科技股、航天股、汽車股或房地產等，尤其以房地產比較明顯；由於實業投資令投資者減少信心，往往他們有可能「轉戰」回到虛擬市場，因此虛擬

貨幣會有上升趨勢；同時亦要注意10月至11月的總統大選，
不排除有連任可能。

2024 美東冬
(冬令)

　　在2024年12月21日冬至盤中，美國一宮回歸到天蠍，火星飛入六宮與日、金、水六合，冥王留守三宮與海王六合、木、天三合，代表冬季主要圍繞著國民、資訊及教育問題。美國將會脫離經濟危機，因為大選已成定局，縱然有人還是對結果不滿進行抗議，但亦都無補於事。

　　在大選塵埃落定後，中方或其他國家投資者大約都了解到未來4年動向如何，因此虛擬貨幣將不會再是主要戰場，價位亦會回落至年初左右，而俄烏戰爭、以巴戰爭亦會完結。排除中美的台海問題，在未來1年內中美雙方合作關係不會再像之前緊張。

　　從秋分開始，整個下半年美國的房地產只會在南、北及中部州份興旺，東西兩岸相對未如理想，特別是民主黨州份情況會比較明顯。由於美國新的勞工法關係令大量中

小企業遷移至南部或中部，甚至是共和黨州份，因此只要在西岸沒有子公司或母公司的企業，皆是可以視為可投範圍。或者，美國的經濟不會再以東西岸為重。

美股 CRYPTOS 通勝 2024

作　　者：王小琛

出　　版：香港財經移動出版有限公司

地　　址：香港柴灣豐業街 12 號啟力工業中心 A 座 19 樓 9 室

電　　話：（八五二）三六二零 三一一六

發　　行：一代匯集

地　　址：香港九龍大角咀塘尾道 64 號龍駒企業大廈 10 字樓 B 及 D 室

電　　話：（八五二）二七八三 八一零二

印　　刷：美雅印刷製本有限公司

初　　版：二零二四年三月

如有破損或裝訂錯誤，請寄回本社更換。

免責聲明

本書僅供一般資訊及教育之用途，並不擬作為專業建議或對任何投資計劃的具體推薦。本書的出版商、作者以及參與創作本書的任何其他人士、機構於提供的信息的準確性、可靠性、完整性或及時性不作任何陳述或保證。金融市場瞬息萬變，本書的信息隨時發生變更，我們不能保證讀者使用時是最新的。

我們已竭力提供準確的信息，對於因提供的信息中的任何錯誤、不準確之處或遺漏，或基於本書中提供的信息而採取或不採取的任何行動，我們概不負責。讀者有責任自行研究並在進行投資計劃之前自行評估核實。本書的出版商、作者對因使用本書中提供的信息而可能導致的任何損失、不便或其他損害概不負責。